essentials

essentials liefern aktuelles Wissen in konzentrierter Form. Die Essenz dessen, worauf es als „State-of-the-Art" in der gegenwärtigen Fachdiskussion oder in der Praxis ankommt. *essentials* informieren schnell, unkompliziert und verständlich

- als Einführung in ein aktuelles Thema aus Ihrem Fachgebiet
- als Einstieg in ein für Sie noch unbekanntes Themenfeld
- als Einblick, um zum Thema mitreden zu können

Die Bücher in elektronischer und gedruckter Form bringen das Expertenwissen von Springer-Fachautoren kompakt zur Darstellung. Sie sind besonders für die Nutzung als eBook auf Tablet-PCs, eBook-Readern und Smartphones geeignet. essentials: Wissensbausteine aus den Wirtschafts-, Sozial- und Geisteswissenschaften, aus Technik und Naturwissenschaften sowie aus Medizin, Psychologie und Gesundheitsberufen. Von renommierten Autoren aller Springer-Verlagsmarken.

Weitere Bände in der Reihe http://www.springer.com/series/13088

Jürgen Jost

Spektren, Garben, Schemata

Eine kurze Einführung

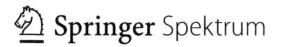

Jürgen Jost
Max-Planck-Institut für Mathematik
in den Naturwissenschaften
Leipzig, Deutschland

ISSN 2197-6708   ISSN 2197-6716   (electronic)
essentials
ISBN 978-3-658-28316-2   ISBN 978-3-658-28317-9   (eBook)
https://doi.org/10.1007/978-3-658-28317-9

Die Deutsche Nationalbibliothek verzeichnet diese Publikation in der Deutschen Nationalbibliografie; detaillierte bibliografische Daten sind im Internet über http://dnb.d-nb.de abrufbar.

Springer Spektrum ist ein Imprint der eingetragenen Gesellschaft Springer Fachmedien Wiesbaden GmbH und ist ein Teil von Springer Nature.
Die Anschrift der Gesellschaft ist: Abraham-Lincoln-Str. 46, 65189 Wiesbaden, Germany

Was Sie in diesem *essential* finden können

Kurz gesagt, eine Einführung in die wesentlichen Konzepte der modernen algebraischen Geometrie. Diese Konzepte verbinden algebraische und geometrische Strukturen. Wir werden dabei von der algebraischen Struktur eines kommutativen Ringes mit 1 ausgehen. Dabei kann es sich um einen Ring von Zahlen oder einen Ring von Funktionen handeln. Meistens kann man in solchen Ringen nicht uneingeschränkt teilen. Die genauere Analyse der Teilbarkeitshindernisse wird uns zu dem Begriff des *Spektrums* eines Ringes führen. Dieses Spektrum werden wir mit einer Topologie versehen. Wir werden dann einen weiteren Begriff einführen, denjenigen der *Garbe,* mittels dessen wir von dieser topologischen Struktur wieder zu einer algebraischen Struktur zurückkehren können. Diese algebraische Struktur beleuchtet die lokalen Eigenschaften unseres ursprünglichen Ringes. Dieses Zusammenwirken einer algebraischen und einer topologischen Struktur führt dann zum Begriff des *Schemas.* Wir werden dann verstehen, wie man mit diesem Konzept die grundlegenden Objekte der algebraischen Geometrie, Nullstellengebilde von Polynomen, beschreiben und untersuchen kann.

Inhaltsverzeichnis

Einleitung

1

Von den natürlichen Zahlen gelangt man zu den ganzen Zahlen, wenn man auch subtrahieren, also Additionen rückgängig machen möchte, und zu den rationalen Zahlen, wenn man auch dividieren, also Multiplikationen umkehren möchte. Und wenn man dann auch noch Grenzwerte von Folgen rationaler Zahlen haben möchte, kann man zu den rellen Zahlen, und wenn man polynomiale, also nicht mehr lineare Gleichungen lösen will, zu den komplexen Zahlen übergehen. Ursprüngliche Defizite, dass man nicht subtrahieren, dividieren oder Gleichungen lösen kann, lassen sich durch algebraische Konstruktionen beheben, die das Grundobjekt, die natürlichen Zahlen, erweitern. Die algebraische Struktur wird dabei reichhaltiger. Die natürlichen Zahlen bilden, wenn man die 0 hinzunimmt, nur einen additiven Monoiden, ohne die 0, aber mit der 1 einen multiplikativen Monoiden, die ganzen Zahlen dagegen nicht nur eine Gruppe, in der man addieren und subtrahieren kann, sondern auch einen Ring, in dem man multiplizieren kann. Addition und Multiplikation sind durch ein distributives Gesetz miteinander verknüpft. Die rationalen Zahlen bilden nicht nur einen Ring, sondern sogar einen Körper, und der Körper der reellen Zahlen zeichnet sich durch eine topologische, derjenige der komplexen Zahlen sogar durch eine algebraische Vollständigkeit aus.

Es fragt sich daher, inwieweit ein solches Vorgehen allgemein durchführbar ist, eine defizitäre Struktur, in der bestimmte Operationen nicht ausführbar sind, zu einer perfekten Struktur zu erweitern oder zu ergänzen, in der alles möglich ist. Oder genauer, alles bis auf die Division durch 0, die auch in einem Körper nicht möglich ist.

Die vorstehend skizzierte und natürlich bekannte Konstruktion hat mit konstanten Elementen einer algebraischen Struktur A gearbeitet. Wir können aber auch variable Elemente betrachten, Funktionen $f : M \to A$ von einer (mit einer zu präzisierenden zusätzlichen Struktur versehenen) Menge M in dieses algebraische

© Springer Fachmedien Wiesbaden GmbH, ein Teil von Springer Nature 2019
J. Jost, *Spektren, Garben, Schemata*, essentials,
https://doi.org/10.1007/978-3-658-28317-9_1

Objekt. Dann können wir uns die Struktur von A zunutze machen, um beispielsweise solche Funktionen zu addieren oder zu multiplizieren. Beispielsweise erklären wir $f + g$ durch

$$(f + g)(x) := f(x) + g(x), \tag{1.1}$$

wobei die rechte Operation die Addition in A ist, die damit die linke Operation als Addition von Funktionen definiert.

Nun haben wir aber ein Problem, selbst wenn A ein Körper ist. Denn es kann $f(x) = 0$ für einige, aber nicht für alle $x \in M$ sein. Dann ist, obwohl f nicht das Nullelement ist, die Division durch f trotzdem nicht möglich. Es fragt sich, wieweit sich dieses Defizit beheben lässt. Dies führt uns zunächst in die Theorie der kommutativen Ringe, denn wenn A ein Körper ist, bilden die Funktionen $f : M \to A$ für ein festes M zumindest einen kommutativen Ring, weil wir unbeschränkt addieren, subtrahieren und multiplizieren können und nur die Division Schwierigkeiten bereitet.

Wir können die Sachlage aber auch positiv wenden und fragen, ob wir aus solchen Divisionshindernissen vielleicht Einsichten in die Struktur von M gewinnen können, ob also die algebraische Struktur von A uns vielleicht helfen kann, mittels auf M definierter Funktionen die Struktur von M selbst zu erkunden, auch wenn diese zunächst vielleicht nicht algebraischer Natur ist. Es stellt sich heraus, dass dies insbesondere für komplexe Varietäten zu wesentlichen Erkenntnissen führt. Zwar können wir diese in diesem Büchlein nicht alle erkunden, aber wir wollen zumindest die konzeptionellen Grundlagen hierfür, die sog. Schemata, beschreiben.

Wir werden dabei folgendermaßen vorgehen. Im Kap. 2 betrachten wir kommutative Ringe mit 1; oft sprechen wir dabei einfach von einem Ring. In einem Körper besitzen alle Elemente außer der 0 multiplikative Inverse, aber in einem Ring R brauchen nur die 1 und -1 invertierbar zu sein. Je weniger Elemente invertierbar sind, umso mehr unterscheidet sich der Ring von einem Körper. Um dies zu erfassen, untersuchen wir die Ideale I, also die additiven Untergruppen, die bezüglich der Multiplikation $mi \in I$ für alle $m \in R$ erfüllen, wenn $i \in I$ ist. Ein nichtinvertierbares Element $g \in R$ erzeugt das nichttriviale Ideal $(g) = \{mg, m \in R\} \neq R$. Statt alle Ideale in R zu betrachten, reicht es aber aus, die nicht multiplikativ zerlegbaren Ideale, die Primideale, zu untersuchen. Im Kap. 3 geometrisieren wir dann diese algebraische Struktur, indem wir eine Topologie (zu diesem Konzept vgl. man den Anhang) auf der Menge Spek R der Primideale von R einführen. Von dieser geometrischen Struktur finden wir wieder zu der algebraischen Struktur zurück, indem wir auf einem solchen topologischen Raum eine Garbe (wie im Abschn. 3.2 definiert) von Ringen einführen. Dies liefert uns dann im Abschn. 3.4 den Begriff des affinen Schemas. Allgemeine Schemata entstehen dann schließlich durch Zusammenkleben affiner Schemata. Soweit der Überblick, und wir führen nun das skizzierte Programm aus.

Algebraische Grundlagen

2

Um eine Grundlage für das Nachfolgende zu haben, wollen wir zunächst die algebraischen Grundbegriffe wiederholen. Den Begriff der Gruppe setzen wir allerdings voraus; erforderlichfalls können Leserinnen und Leser natürlich [5] konsultieren.

2.1 Ringe und Körper

Definition 2.1.1 Ein *Ring* R ist eine kommutative Gruppe mit einer als Addition bezeichneten Operation $g + h$ für $g, h \in R$ und mit einem durch 0 bezeichneten neutralen Element, auf der es noch eine weitere Operation gibt, die Multiplikation, die wir einfach als gh schreiben und die assoziativ und *distributiv* über $+$ ist,

$$g(h + k) = gh + gk \text{ und } (h + k)g = hg + kg \text{ für alle } g, h, k \in R. \quad (2.1)$$

Der Ring heißt *kommutativ,* falls die Multiplikation ebenfalls kommutativ ist, also

$$gh = hg \text{ für alle } g, h \in R. \quad (2.2)$$

Wir sagen, dass der Ring ein *Identitätselement* oder eine *Eins* besitzt, falls es ein Element gibt, welches mit 1 bezeichnet wird, das

$$g1 = 1g = g \text{ für alle } g \in R \quad (2.3)$$

erfüllt. Ein *Homomorphismus* $\eta : R_1 \to R_2$ zwischen Ringen R_1, R_2 muss diese Strukturen erhalten, also $\eta(g + h) = \eta(g) + \eta(h), \eta(gh) = \eta(g)\eta(h)$ für alle $g, h \in R_1$ und bei Ringen mit Eins auch $\eta(1) = 1$ erfüllen.

© Springer Fachmedien Wiesbaden GmbH, ein Teil von Springer Nature 2019
J. Jost, *Spektren, Garben, Schemata,* essentials,
https://doi.org/10.1007/978-3-658-28317-9_2

Als **wichtige Konvention** nehmen wir im Folgenden an, dass alle vorkommenden Ringe kommutativ sind und eine Eins $1 \neq 0$ besitzen.

Definition 2.1.2 Ein Ring (also nach unserer Konvention ein kommutativer Ring R mit einer Eins $1 \neq 0$), in dem jedes $g \neq 0$ ein multiplikatives Inverses g^{-1} mit

$$gg^{-1} = 1, \tag{2.4}$$

besitzt, heißt *Körper.*

In einem Körper haben wir also zwei (kommutative) Gruppenstrukturen, nicht nur die Addition, sondern auf $R \setminus \{0\}$ auch die Multiplikation.

Ein Körper ist (fast) perfekt, denn in ihm lassen sich alle Rechenoperationen einschließlich der Division (außer durch 0) uneingeschränkt ausführen. Ein Ring, der kein Körper ist, ist in diesem Sinne defizitär, weil es Einschränkungen für die Division gibt. Allerdings kann es durchaus auch Elemente geben, die sich invertieren lassen.

Definition 2.1.3 Ein invertierbares $a \in R$, für das es also ein $b \in R$ mit $ab = 1$ gibt, heißt *Einheit.*

Zumindest die 1 ist immer eine Einheit. In $\mathbb{Z}$ gibt es noch eine weitere Einheit, -1. Ein Ring ist genau dann ein Körper, wenn jedes Element $\neq 0$ eine Einheit ist.

Die angesprochenen Defizite können nun von zweierlei Art sein.

1. Mangel an geeigneten Elementen: Es könnte sein, dass man ein Element einfach dadurch invertierbar machen kann, dass man ein weiteres Element zu dem Ring hinzufügt. So kann man den Ring $\mathbb{Z}$ zu dem Körper $\mathbb{Q}$ erweitern, indem man einfach für jedes $m \in \mathbb{Z}$, $m \neq 0$ ein Inverses $\frac{1}{m}$ hinzufügt.
2. Strukturelle Defizite:

Definition 2.1.4 Elemente $g \neq 0, h \neq 0$ mit

$$gh = 0 \tag{2.5}$$

heißen *Nullteiler.*

Einen Nullteiler kann man nie invertierbar machen. Gäbe es beispielsweise zu g in (2.5) ein Inverses g^{-1}, so wäre $h = g^{-1}gh = g^{-1}0 = 0$, ein Widerspruch. Noch schlimmer:

Definition 2.1.5 Ein Element a des Ringes R heißt *nilpotent,* wenn

$$a^n = 0 \text{ für ein } n \in \mathbb{N}. \tag{2.6}$$

Natürlich braucht es außer der 0 in einem Ring keine weiteren nilpotenten Elemente zu geben. Um einen Ring mit einem nichttrivialen nilpotenten Element zu bekommen, können wir einfach $\mathbb{Z}$ ein Element $\epsilon \neq 0$ mit $\epsilon^2 = 0$ adjungieren. Der Ring $\mathbb{Z}[\epsilon]$ besteht dann aus Elementen der Form $m + n\epsilon$, $m, n \in \mathbb{Z}$ und den offensichtlichen Rechenregeln.

Als Beispiel betrachten wir für ein $q \in \mathbb{N}$, $q \geq 2$

$$\mathbb{Z}_q := (\{0, 1, \ldots, q - 1\}, +, \cdot) \tag{2.7}$$

mit der modulo q definierten Addition und Multiplikation, also $m + q \equiv m$ für alle m. Wir schreiben auch $m + q = m \bmod q$. Dieses $\mathbb{Z}_q$ ist ein Ring und genau dann ein Körper, wenn q eine Primzahl ist. Ist nämlich q keine Primzahl, also $q = mn$ mit $1 < m, n < q$, so ist $mn = 0 \bmod q$. m und n sind also Nullteiler und können daher nicht invertiert werden. Wenn r und q dagegen teilerfremd sind, so lässt sich ein s mit $sr = 1 \bmod q$ finden, und r ist daher in $\mathbb{Z}_q$ invertierbar. Und wenn q prim ist, so sind alle $1 < r < q$ zu q teilerfremd, und $\mathbb{Z}_q$ ist somit in diesem Fall tatsächlich ein Körper.

Definition 2.1.6 Ein kommutativer Ring ohne Nullteiler, in dem also (2.5) nur gelten kann, wenn $g = 0$ oder $h = 0$ ist, heißt *Integritätsbereich.*

Aus einem Integritätsbereich lässt sich ein Quotientenkörper konstruieren. Dazu nimmt man Paare (a, b) von Elementen mit $b \neq 0$ und setzt die beiden Paare (a_1, b_1), (a_2, b_2) äquivalent, wenn $a_1 b_2 = a_2 b_1$.

Man hat dann die aus der Bruchrechnung bekannten Operationen

$$(a_1, b_1) + (a_2, b_2) = (a_1 b_2 + a_2 b_1, b_1 b_2) \tag{2.8}$$

$$(a_1, b_1)(a_2, b_2) = (a_1 a_2, b_1 b_2). \tag{2.9}$$

Dies funktioniert deswegen, weil in einem Integritätsbereich, wenn $b_1, b_2 \neq 0$, dann auch $b_1 b_2 \neq 0$. Sonst geht das nicht.

Als Beispiele von Ringen hatten wir in der Einleitung schon die ganzen Zahlen $\mathbb{Z}$ und die Ringe von Funktionen $R(M, \mathbb{R})$ von einer Menge M mit Werten in dem Körper $\mathbb{R}$ besprochen, wobei wir natürlich $\mathbb{R}$ auch durch einen beliebigen anderen Körper ersetzen können. Und wenn M mehr als ein Element besitzt, bilden diese nur einen Ring, aber keinen Körper. $\mathbb{Z}$ ist ein Integritätsbereich und kann daher zu dem Körper der rationalen Zahlen erweitert werden. Für $R(M, \mathbb{R})$ ist dies dagegen nicht restlos möglich, und dies werden wir genauer analysieren.

Ähnlich ist die Situation auch für Polynomringe. Zu einem Ring R können wir einen weiteren Ring konstruieren, den *Polynomring* $R[X]$, der aus den Polynomen

$$a_0 + a_1 X + \ldots a_d X^d \quad \text{mit } a_0, \ldots, a_d \in R, d \in \mathbb{N} \cup \{0\} \tag{2.10}$$

in der Unbestimmten X besteht. Der *Grad des Polynoms* ist das größte d, für welches $a_d \neq 0$ ist. Dies ist ein Ring, aber auch wenn K ein Körper ist, ist der Polynomring $K[X]$ selbst nur ein Ring, aber kein Körper, weil nur die Konstanten Inverse besitzen, aber nicht beispielsweise das Polynom X. Man könnte zwar $K[X]$ durch Ausdrücke mit negativen Exponenten wie X^{-1} erweitern, aber wenn man in dem Ausdruck (2.10) für die Unbestimmte X Werte x aus dem Körper K einsetzt, so kann der resultierende Ausdruck $a_0 + a_1 x + \ldots a_d x^d$ für bestimmte Werte von x, die *Nullstellen* des Polynoms, verschwinden, während er für andere Werte von 0 verschieden ist.

Wir können auch den Ring $R[X_1, \ldots, X_k]$ der Polynome mit k Unbestimmten betrachten.

Schließlich trägt der Körper $\mathbb{R}$ auch noch weitere Strukturen. Insbesondere ist $\mathbb{R}$ ein topologischer Raum. Wenn die Menge M auch eine Topologie trägt, so können wir auch den Ring $C^0(M, \mathbb{R})$ der *stetigen Funktionen* auf M betrachten. Und wenn wir statt mit $\mathbb{R}$ mit $\mathbb{C}$ arbeiten und M eine komplexe Struktur trägt, so können wir auch den Ring der *holomorphen Funktionen* von M nach $\mathbb{C}$ betrachten.

2.2   Ideale

Gemäß der im vorstehenden Abschnitt aufgestellten Konvention sind weiterhin alle Ringe kommutativ mit einer $1 \neq 0$. Und nicht weiter spezifizierte solche Ringe heißen R.

Definition 2.2.1 Ein *Ideal* in einem Ring R ist eine nichtleere Teilmenge, die eine Untergruppe von R als abelsche Gruppe bildet und bzgl. der Multiplikation

$$mi \in I \text{ für alle } i \in I, m \in R \qquad (2.11)$$

erfüllt.

Die Gruppeneigenschaft wird in allen betrachteten Beispielen trivialerweise erfüllt sein, so dass wir ihr keine Aufmerksamkeit schenken werden. Die wesentliche Eigenschaft ist die Stabilität (2.11) unter Multiplikation mit beliebigen Ringelementen.

Jedes Ideal in einem Ring ist ein Unterring (allerdings ohne eine 1, außer wenn es der ganze Ring ist) dieses Ringes; das Umgekehrte gilt allerdings nicht.

Jeder Ring besitzt zwei triviale Ideale, das Nullideal, das nur aus der 0 besteht, und das Einsideal, welches R selbst ist. Es heißt Einsideal, weil R aus allen Vielfachen der 1 besteht, denn wenn 1 in dem Ideal I liegt, so ist auch jedes $m = m1 \in I$. In einem Körper sind dies auch schon die einzigen Ideale, denn wenn $0 \neq h \in I$, so ist auch $1 = h^{-1}h \in I$, mithin nach dem gerade Gesagten $I = R$. Nichttriviale Ideale kann es also nur geben, wenn der Ring nichtinvertierbare Elemente enthält und somit kein Körper ist.

Das aus allen nilpotenten Elementen bestehende Nilradikal Rad(0) ist ein Ideal in R. Wenn es außer der 0 keine weiteren nilpotenten Elemente gibt, ist das Nilradikal Rad(0) einfach das nur aus der 0 bestehende Nullideal.

Jedes Element $a \in R$ erzeugt das sog. *Hauptideal*

$$(a) := \{ma : m \in R\} \qquad (2.12)$$

aller seiner Vielfachen, und nach dem Vorstehenden ist ein solches Ideal genau dann nichttrivial, wenn $a \neq 0$, aber keine Einheit ist.

Lemma 2.2.1 *Summe und Durchschnitt von Idealen sind selbst Ideale.*

Beweis Es seien $I_\lambda, \lambda \in \Lambda$ Ideale. Die Summe dieser Ideale besteht aus allen Summen von endlich vielen Elementen $b \in R$ mit $b \in I_\lambda$ für (mindestens) ein λ. Dann ist auch für jedes $m \in R$ $mb \in I_\lambda$, mithin auch in der Summe.

Und wenn b in allen I_λ liegt, so liegt auch jedes mb in allen I_λ. Daher ist auch der Durchschnitt der I_λ ein Ideal. $\qquad \square$

Lemma 2.2.2 *Der Quotient R/I eines Ringes R nach einem Ideal I ist wieder ein Ring.*

Beweis Dies bedeutet, dass wir die Elemente m_1 und m_2 des Ringes R in R/I identifizieren, wenn $m_2 = m_1 + a$ für ein $a \in I$. Wenn nun auch $n_2 = n_1 + b$ für $n_1, n_2 \in R, b \in I$, so ist $m_2 + n_2 = m_1 + n_1 + (a + b)$ mit $a + b \in I$ und $m_2 n_2 = (m_1 + a)(n_1 + b) = m_1 n_1 + c$ mit $c = m_1 b + n_1 a + ab \in I$, so dass die Ringoperationen mit der Quotientenbildung verträglich sind. $\square$

In $\mathbb{Z}$ können wir also die von einem $q \in \mathbb{Z}$ erzeugten (Haupt)ideale $q\mathbb{Z} := (q)$ betrachten. Weil wir uns nur für nichttriviale Ideale interessieren, nehmen wir $q \neq 0, 1$ an, und auch $q > 0$, denn da sich q und $-q$ nur um die Einheit -1 unterscheiden, erzeugen sie das gleiche Ideal. Der Quotient $\mathbb{Z}/q\mathbb{Z}$ ist der Ring Z_q. Mit elementarer Arithmetik zeigt man, dass die Summe der beiden Ideale $q_1 \mathbb{Z}$ und $q_2 \mathbb{Z}$ dann das von dem größten gemeinsamen Teiler von q_1 und q_2 erzeugte Ideal und der Durchschnitt das von ihrem kleinsten gemeinsamen Vielfachen erzeugte Ideal ist. Und jedes Ideal wird von dem größten gemeinsamen Teiler der in ihm enthaltenen Elemente erzeugt. Die Primideale $p\mathbb{Z}$, wo p also eine Primzahl ist, sind also *maximal* in dem Sinne, dass sie in keinem anderen nichttrivialen Ideal enthalten sind. Und insbesondere sind sämtliche Ideale in $\mathbb{Z}$ Hauptideale, und in einem solchen Fall spricht man auch von einem Hauptidealring.

Definition 2.2.2 Ein Ideal $I \neq R$ in R heißt *maximales Ideal,* wenn I in keinem anderen nichttrivialen Ideal enthalten ist. Ein Ideal $I \neq R$ heißt *Primideal,* falls, wenn $ab \in I$ für $a, b \in R$, dann auch $a \in I$ oder $b \in I$.

Lemma 2.2.3 *Maximale Ideale sind prim.*

Beweis Es sei $ab \in I$. Dann können a und b nicht beide Einheiten sein, denn sonst wäre auch ab eine Einheit, mithin $1 \in I$, und somit $I = R$. Ist beispielsweise a keine Einheit, so ist das Hauptideal (a) ein nichttriviales Ideal, das I enthält. Wenn I maximal ist, muss daher $a \in I$ sein, und dies zeigt, dass I prim ist. $\square$

Definition 2.2.3 Die Menge der Primideale eines Ringes R heißt das *Spektrum* von R, Spek R.

Dass wir durch diese Definition die Primideale hervorheben, deutet schon an, dass sie eine wichtige Rolle spielen.

In $\mathbb{Z}$ sind die Primideale gerade die von einer Primzahl p erzeugten Ideale $p\mathbb{Z}$, sowie das Nullideal (0).

In dem Ring $R(M, \mathbb{R})$ der Funktionen auf M ist das anders (wenn M, was wir voraussetzen wollen, mehr als ein Element enthält). Für jede Teilmenge $A \subset M$ haben wir das Ideal

$$I_A := \{f : M \to \mathbb{R} : f(y) = 0 \text{ für alle } y \in A\} \tag{2.13}$$

und insbesondere für jedes $x \in M$ das Ideal

$$I_x := \{f : M \to \mathbb{R} : f(x) = 0\}. \tag{2.14}$$

Es gilt dann

$$I_A = \bigcap_{x \in A} I_x. \tag{2.15}$$

Die Ideale I_x sind prim. Wenn nun aber $A = \{x_1, x_2\}$ mit $x_1 \neq x_2$ ist, so können wir ein f_1 mit $f_1(x_1) = 0$, $f_1(x_2) \neq 0$ und ein f_2 mit $f_2(x_2) = 0$, $f_2(x_1) \neq 0$ wählen. Dann ist $f_1 f_2 \in I_A$, aber weder $f_1 \in I_A$ noch $f_2 \in I_A$, so dass I_A zwar Durchschnitt zweier Primideale, aber selbst kein Primideal ist. Insbesondere ist auch das Nullideal, nämlich I_M, kein Primideal. Wenn M unendlich viele Punkte hat, gibt es auch noch das Primideal

$$I_{\text{fa}} := \{f : M \to \mathbb{R} : f(y) = 0 \text{ für fast alle } y \in M\}, \tag{2.16}$$

denn wenn das Produkt zweier Funktionen in fast allen Punkten verschwindet, so muss dies auch mindestens einer der Faktoren tun. Aber dieses Primideal ist in keinem Primideal der Form I_x (2.14) enthalten, denn für jedes x gibt es eine Funktion in I_{fa}, die gerade in diesem x nicht verschwindet.

Ideale sind funktoriell:

Lemma 2.2.4 *Es sei $\eta : R_1 \to R_2$ ein Ringhomomorphismus, und I_2 ein Ideal im Ring R_2. Dann ist das Urbild $I_1 := \eta^{-1}(I_2)$ ein Ideal in R_1. Insbesondere ist also der Kern $\eta^{-1}(0)$ als Urbild des Nullideals ein Ideal in R_1.*

Beweis Es sei $b \in I_1, m \in R_1$. Dann ist $\eta(mb) = \eta(m)\eta(b) \in I_2$, da nach Annahme $\eta(b) \in I_2$ und I_2 ein Ideal ist. Daher ist $mb \in I_1 = \eta^{-1}(I_2)$, und wir haben die Idealeigenschaft nachgewiesen. $\qquad\square$

Lemma 2.2.5 *Der Quotient R/I ist genau dann ein Körper, wenn das Ideal I maximal ist, und genau dann ein Integritätsbereich, wenn I ein Primideal ist.*

Beweis Die Quotientenabbildung $\pi : R \to R/I$ ist ein Ringhomomorphismus. I ist dann der Kern von π, also das Urbild des Nullideals. Es ist dann $ab \in I$ genau dann, wenn $\pi(a)\pi(b) = 0$. Falls R/I ein Integritätsbereich ist, ist das nur möglich, wenn $\pi(a) = 0$ oder $\pi(b) = 0$, wenn also $a \in I$ oder $b \in I$. I ist dann also ein Primideal, und umgekehrt.

Die erste Aussage folgt daraus, dass jedes $m \in R$, welches keine Einheit und nicht 0 ist, ein nichttriviales Ideal erzeugt. Wenn R/I ein Körper ist, so ist das Nullideal schon maximal, und alle anderen Elemente in R/I erzeugen daher R/I selbst. Wenn nun $m \in R$ nicht in I liegt, so erzeugt $\pi(m)$ ein Ideal J in R/I, welches nicht das Nullideal ist, und wenn also R/I ein Körper ist, so muss dies schon R/I selbst sein. Dann ist aber $\pi^{-1}(J) = R$, und das von m erzeugte Ideal ist ganz R. Daher war I maximal, und umgekehrt. $\square$

Insbesondere sind die Ideale I_x aus (2.14) in $R(M, \mathbb{R})$ maximal, denn zwei Elemente aus diesem Ring werden in dem Quotienten $R(M, \mathbb{R})/I_x$ genau dann identifiziert, wenn sie sich nur durch ein Element aus I_x unterscheiden, also im Punkte x den gleichen Wert annehmen. Diese möglichen Werte sind aber gerade die Elemente des Körpers $\mathbb{R}$.

Korollar 2.2.1 Spek $R \neq \emptyset$ *für jeden Ring R.*

Beweis Wenn R ein Körper ist, ist das Nullideal (0) prim. Wenn R kein Körper ist, so enthält R ein nichttriviales Ideal I, welches, wie jedes nichttriviale Ideal, keine Einheit enthalten kann. Ist (I_λ), $\lambda \in \Lambda$, eine durch Inklusion totalgeordnete Menge von solchen Idealen, so ist die Vereinigung $\bigcup_{\lambda \in \Lambda} I_\lambda$ wieder ein solches Ideal. Nach dem Zornschen Lemma besitzt daher die Familie der nichttrivialen Ideale ein maximales Element. Dies ist dann ein maximales Ideal, mithin prim nach Lemma 2.2.3. $\square$

Das Urbild eines maximalen Ideals unter einem Ringhomomorphismus $h : R_1 \to R_2$ braucht allerdings nicht maximal zu sein. h möge z. B. die Einbettung eines nullteilerfreien Ringes R_1 in einen Körper R_2 sein, wie $h : \mathbb{Z} \to \mathbb{Q}$. Dann ist in diesem Körper das Nullideal maximal, aber wenn R_1 selbst kein Körper ist, so ist das Urbild, das Nullideal in R_1, nicht maximal. Es gilt aber

Lemma 2.2.6 *Das Urbild* $I = h^{-1}J$ *eines Primideals* J *unter einem Ringhomomorphismus* $h : R_1 \to R_2$ *ist wieder prim.*

Beweis Falls $ab \in I$, so ist $h(a)h(b) \in J$, und wenn J prim ist, so $h(a) \in J$ oder $h(b) \in J$, mithin auch $a \in I$ oder $b \in I$, und I ist ebenfalls prim. $\square$

Wenn wir also eine Klasse von Idealen haben wollen, die unter Ringhomomorphismen erhalten bleibt, oder wie man allgemeiner sagt, sich unter Ringhomomorphismen funktoriell verhält, so können wir nicht die maximalen Ideale nehmen, wohl aber die Primideale. Da nach Lemma 2.2.3 alle maximalen Ideale prim sind, ist die Klasse der Primideale größer als diejenige der maximalen. Aus Lemma 2.2.6 erhalten wir direkt

Korollar 2.2.2 *Ein Ringhomomorphismus* $h : R_1 \to R_2$ *liefert eine Abbildung*

$$\text{Spek } R_2 \to \text{Spek } R_1. \tag{2.17}$$

$\square$

Wir betrachten noch einmal den Fall der Ringe $R(X, \mathbb{R})$. Eine Abbildung

$$\eta : X_1 \to X_2 \tag{2.18}$$

zwischen Mengen induziert den Ringhomomorphismus

$$h := \eta^* : R(X_2, \mathbb{R}) \to R(X_1, \mathbb{R})$$
$$f \quad \mapsto f \circ \eta \tag{2.19}$$

Wir betrachten nun für $x \in X_1$ das Ideal $I_x = \{f \in R(X_1, \mathbb{R}) : f(x) = 0\}$. Dann ist $g \in \eta^*(I_x)$, wenn $g \circ \eta \in I_x$, also

$$h^{-1}(I_x) = I_{\eta(x)}, \tag{2.20}$$

und das Bild $I_{\eta(x)}$ des Primideals I_x unter der durch den Ringhomomorphismus (2.19) induzierten Abbildung der Spektren ist wieder ein Primideal, wie in Lemma 2.2.6 behauptet. Im Grunde ist alles ganz einfach und natürlich. Die Abbildung η in (2.18) zwischen den Punkten von X_1 und X_2, also $x \mapsto \eta(x)$ induziert die Abbildung

$$I_x \mapsto I_{\eta(x)} \qquad (2.21)$$

der entsprechenden Primideale.

Bemerkung In der weiterführenden Theorie wird vorausgesetzt, dass die auftretenden Ringe *noethersch* sind, was bedeutet, dass alle Ideale endlich erzeugt sind. Wenn der Ring R noethersch ist, so sind dies nach dem Hilbertschen Basissatz auch die Polynomringe $R[X_1, \ldots, X_k]$.

2.3   Lokale Ringe

Ringe sind defizitär, weil man in ihnen, sofern sie keine Körper sind, nicht uneingeschränkt (außer durch 0 natürlich) dividieren kann. Wir können nun zwar nach Lemma 2.2.5 aus einem Ring einen Körper erzeugen, indem wir durch ein maximales Ideal teilen. Allerdings bleibt dann nicht mehr allzu viel übrig. Wenn wir $R(M, \mathbb{R})$ durch ein maximales Ideal I_x für $x \in M$ teilen, so erhalten wir einfach den Körper $\mathbb{R}$, und wenn wir $\mathbb{Z}$ durch ein Primdideal $p\mathbb{Z}$ teilen, so erhalten wir den endlichen Körper Z_p. Es gibt aber eine andere Konstruktion, bei der mehr übrig bleibt.

Definition 2.3.1 Ein Ring R heißt *lokal,* falls er ein Ideal $J \neq R$ besitzt, das alle anderen Ideale enthält.

Aus einem beliebigen Ring R und einem Primideal I lässt sich nun ein lokaler Ring R_I konstruieren. Dazu betrachten wir Paare $(a, b), a \in R, b \in R \setminus I$ mit der Identifikation

$$(a_1, b_1) \sim (a_2, b_2), \text{ falls es ein } c \in R \setminus I \text{ gibt mit } c(a_1 b_2 - a_2 b_1) = 0. \quad (2.22)$$

(Weil wir nicht voraussetzen, dass R ein Integritätsbereich ist, müssen wir die Möglichkeit nichttrivialer Nullteiler einräumen – daher das c.) Mit solchen Paaren können wir nun die aus der Bruchrechnung bekannten Operationen durchführen:

$$(a_1, b_1) + (a_2, b_2) = (a_1 b_2 + a_2 b_1, b_1 b_2) \qquad (2.23)$$
$$(a_1, b_1)(a_2, b_2) = (a_1 a_2, b_1 b_2). \qquad (2.24)$$

Hierfür muss I ein Primideal sein, weil dann, falls $b_1 \notin I, b_2 \notin I$, auch $b_1 b_2 \notin I$ ist.

Die Äquivalenzklassen von Paaren bilden mit diesen Operationen einen Ring, den lokalen Ring R_I des Primideals I.

Lemma 2.3.1 *Der Ring R_I ist tatsächlich lokal.*

Beweis Wir haben den Homomorphismus $i : R \to R_I, i(a) = (a, 1)$. $i(a)$ ist invertierbar in R_I genau dann, wenn $a \notin I$. Jedes Element in R_I ist von der Form $(i(a), i(b))$ mit $b \notin I$. Die Elemente $(i(a), i(b))$ mit $b \notin I$, aber $a \in I$, bilden ein Ideal J, und weil jedes Element aus R_I, das nicht in J liegt, ein Inverses hat, muss das Ideal J alle anderen Ideale enthalten. $\qquad\square$

Für das Primideal $p\mathbb{Z}$ in $\mathbb{Z}$ ist der lokale Ring $\mathbb{Z}_{p\mathbb{Z}}$ der Ring O_p der sogenannten p-adischen ganzen Zahlen (vgl. [5]). Dieser besteht aus allen rationalen Zahlen, deren Nenner nicht durch p teilbar ist. Dieser Ring ist natürlich erheblich reichhaltiger als der Körper $\mathbb{Z}_p$, den wir gewonnen hätten, wenn wir einfach durch das Ideal $p\mathbb{Z}$ geteilt hätten.

Für $R(M, \mathbb{R})$, $x \in M$ und das Primideal I_x (2.14) der Funktionen, die in x verschwinden, besteht der lokale Ring R_{I_x} aus den Paaren (f, g) mit $g(x) \neq 0$. Wiederum ist dieser Ring reichhaltiger als der Körper $\mathbb{R}$, den wir gewonnen hätten, wenn wir einfach durch das Ideal I_x geteilt hätten. Auch wenn wir nun nicht unbedingt global durch ein solches g teilen können, da g ja in anderen Punkten als x verschwinden könnte, so können wir doch zumindest lokal teilen. Dies wird noch deutlicher, wenn M ein topologischer Raum ist und wir den Ring $C^0(M, \mathbb{R})$ der *stetigen* Funktionen auf M betrachten. Wenn dann ein $g \in C^0(M, \mathbb{R})$ $g(x) \neq 0$ erfüllt, so kann g auch in einer genügend kleinen Umgebung von x nicht verschwinden. In einer solchen Umgebung können wir dann durch g teilen.

Der lokale Ring R_I ist dadurch einem Körper ähnlicher als der ursprüngliche Ring, dass wir zumindest durch alle Elemente teilen können, die nicht in dem Ideal I liegen.

Wir können diese Konstruktion auch dual fassen. Eine nichtleere Teilmenge $S \subset R\backslash\{0\}$ heißt *multiplikativ,* wenn sie unter Multiplikation abgeschlossen ist, also mit zwei Elementen stets auch deren Produkt enthält. Beispiele sind $S = \{g^n, n \in \mathbb{N}\}$ für ein nicht nilpotentes g oder $S = R \setminus I$ für ein Primideal I. Aus einer multiplikativen Menge S können wir den Ring R^S ihrer Quotienten erzeugen.[1] R^S besteht aus allen Paaren (a, s), $a \in R$, $s \in S$, mit

---

[1] In der Literatur schreibt man meist R_S, aber dies hat den Nachteil, dass wir schon den lokalen Ring zu einem Ideal I mit R_I bezeichnet hatten. Unsere Notation soll die unterschiedlichen Rollen des Ideals I und der multiplikativen Menge S deutlich machen.

$$(a_1, s_1) \sim (a_2, s_2), \text{ falls es ein } s \in S \text{ gibt mit } s(a_1 s_2 - a_2 s_1) = 0, \qquad (2.25)$$

wiederum mit den üblichen Regeln der Bruchrechnung. Ist $S = \{g^n, n \in \mathbb{N}\}$ für ein einzelnes, nicht nilpotentes g, schreiben wir auch einfach R^g. Dieser Ring entsteht dadurch, dass wir ein Inverses zu g hinzufügen.

Lemma 2.3.2 *Die Primideale von R^g sind die Primideale von R, die g nicht enthalten.*

Beweis Für diese Identifikation benutzen wir den Homomorphismus, der $a \in R$ auf $(a, 1) = (ga, g) \in R^g$ abbildet.   □

Hierdurch sehen wir auch

Lemma 2.3.3 *Die Elemente von R, die zu allen Primidealen gehören, sind gerade die nilpotenten Elemente. Der Durchschnitt aller Primideale ist also das Nilradikal des Ringes.*

Beweis Offensichtlich gehören die nilpotenten Elemente zu allen Primidealen, denn wenn $a^n = 0$ ist, so muss, da jedenfalls 0 in allen Primidealen liegt, auch ein Faktor von a^n und durch Iteration dieses Arguments auch a selber in jedem Primideal liegen. Ist dagegen $g \in R$ nicht nilpotent, so betrachten wir den Ring R^g. Der Homomorphismus $R \to R^g$ liefert eine Einbettung Spek $R^g \to$ Spek R (vgl. Kor. 2.2.2), deren Bild aus denjenigen Primidealen in R besteht, die g nicht enthalten. Nach Kor. 2.2.1 ist diese Menge nicht leer.   □

Korollar 2.3.1 *Der Durchschnitt aller Primideale, die $g \in R$ enthalten, ist die Menge aller Elemente $f \in R$ mit*

$$f^n = ga \text{ für ein } n \in \mathbb{N} \text{ und ein } a \in R. \qquad (2.26)$$

Beweis Anwendung von Lemma 2.3.3 auf den Ring $R/(g)$.   □

Spektren von Ringen und Schemata 3

3.1 Die Topologie von Spek R

Die Elemente des Spektrums Spek R eines Ringes, also der Menge seiner Primideale, wollen wir als „Punkte" eines Raumes auffassen. Dies ist dadurch motiviert, dass die Punkte (ohne Anführungszeichen) x einer Menge X gerade den Primidealen I_x der auf X definierten Funktionen, die in x verschwinden, entsprechen. Da aber auch andere Ringe als nur die Funktionenringe Primideale haben, wird uns dies beispielsweise zu einer Analogie zwischen den Punkten eines Raumes und den Primzahlen $p \in \mathbb{Z}$ führen, die ja auch den Primidealen $p\mathbb{Z} \subset \mathbb{Z}$ entsprechen.

Dazu werden wir nun dieses Spektrum Spek R mit einer Topologie versehen. Wir wählen als abgeschlossene Mengen diejenigen der Form $V(E)$, wobei E eine beliebige Teilmenge von R ist und $V(E)$ aus allen Primidealen besteht, die E enthalten. Wenn I das von E erzeugte Ideal ist, dann ist natürlich $V(E) = V(I)$. Die $V(E)$ erfüllen die Axiome für abgeschlossene Menge wegen der offensichtlichen Eigenschaften

$$V\left(\bigcup_{\lambda \in \Lambda} E_\lambda\right) = \bigcap_{\lambda \in \Lambda} V(E_\lambda) \tag{3.1}$$

$$V(E_{12}) = V(E_1) \cup V(E_2), \tag{3.2}$$

wobei E_{12} der Durchschnitt der von E_1 und E_2 erzeugten Ideale und Λ eine beliebige Indexmenge ist. Daher sind beliebige Durchschnitte und endliche Vereinigungen abgeschlossener Mengen wieder abgeschlossen, so wie es die Axiome verlangen. Diese Topologie heißt Spektraltopologie, und wir werden von nun an Spek R als einen topologischen Raum betrachten.

© Springer Fachmedien Wiesbaden GmbH, ein Teil von Springer Nature 2019
J. Jost, *Spektren, Garben, Schemata,* essentials,
https://doi.org/10.1007/978-3-658-28317-9_3

Im Ring $\mathbb{Z}$ der ganzen Zahlen sind für $m \in \mathbb{Z}$ die m enthaltenden Primideale gerade die von den Primfaktoren von m erzeugten. Für $\{m_1, m_2, \ldots\} \subset \mathbb{Z}$ sind die Primideale, die diese Menge enthalten, die von den gemeinsamen Primfaktoren der m_i erzeugten. Die abgeschlossenen Mengen in Spek $\mathbb{Z}$ enthalten also die Primideale, die von den einer Menge ganzer Zahlen gemeinsamen Primfaktoren erzeugt werden. In $\mathbb{Z}_q$ ist ein zu q teilerfremdes m in keinem Primideal enthalten, also $V(\{m\}) = \emptyset$. Wenn dagegen m und q gemeinsame Primfaktoren $p_1, \ldots, p_k$ besitzen, dann ist m in den von diesen erzeugten Primidealen enthalten. Die abgeschlossenen Teilmengen von Spek $\mathbb{Z}_q$ enthalten also die Primfaktoren einer Menge natürlicher Zahlen $< q$, die auch Teiler von q sind.

Wir können schon das Folgende bemerken. Wenn $E = I$ für ein Primideal $I \subset R$, dann gilt, weil $V(I)$ alle I enthaltenden Primideale enthält, $V(I) = I$ genau dann, wenn I ein maximales Ideal ist. Ein Primideal I ist also abgeschlossen in Spek R genau dann, wenn es maximal ist. Es sind also nicht alle Punkte in Spek R in der Spektraltopologie abgeschlossen. Insbesondere ist das Nullideal (0) nicht abgeschlossen (sofern R nicht ein Körper ist).

Weil nach Lemma 2.2.6 die Urbilder von Primidealen unter Ringhomomorphismen wieder prim sind, induziert nach Kor. 2.2.2 jeder Homomorphismus $h : R_1 \to R_2$ eine Abbildung

$$h^\star : \text{Spek } R_2 \to \text{Spek } R_1. \tag{3.3}$$

Weil immer

$$(h^\star)^{-1} V(E) = V(h(E)), \tag{3.4}$$

sind die Urbilder abgeschlossener Mengen abgeschlossen, und $h^\star$ ist daher stetig.

Für die ganzen Zahlen $\mathbb{Z}$ besteht Spek $\mathbb{Z}$ aus den Idealen $p\mathbb{Z}$ für Primzahlen p und (0). Weil jede ganze Zahl $\neq 0$ in endlich vielen Primidealen enthalten ist, sind die abgeschlossenen Mengen in Spek $\mathbb{Z}$ die endlichen (und natürlich Spek $\mathbb{Z}$ selbst, da von 0 erzeugt). Die offenen Mengen sind also die Komplemente der endlichen. Der Schnitt zweier nichtleerer offener Mengen ist daher wieder nichtleer. Insbesondere erfüllt Spek $\mathbb{Z}$ keine Hausdorffeigenschaft, und dies ist charakteristisch für Spektren von Ringen.

Andererseits gilt

Satz 3.1.1 Spek R *ist kompakt.*

Dieser Satz klingt zwar jetzt sehr gut, aber man sollte bedenken, dass durch die Tatsache, dass die Spektraltopologie typischerweise nicht hausdorffsch ist, der Nutzen des Satzes eingeschränkt wird.

Beweis Es sei g ein nicht nilpotentes Element in R (die nilpotenten Elemente sind nach Lemma 2.3.3 gerade die in allen Primidealen enthaltenen Elemente). Wir betrachten die offene Menge

$$D(g) := \text{Spek } R - V(g), \tag{3.5}$$

also diejenigen Primideale, die g nicht enthalten. Nun ist

$$D(g) = \text{Spek } R^g, \tag{3.6}$$

weil nach Lemma 2.3.2 die Ideale von R^g denjenigen Idealen in R entsprechen, die g nicht enthalten. Weiterhin ist Spek $R^f \cap$ Spek $R^g =$ Spek R^{fg} (da ein Primideal genau dann ein Produkt enthält, wenn es einen der Faktoren enthält), und $D(g)$ ist daher unter endlichen Durchschnitten abgeschlossen. Eine beliebige offene Menge lässt sich nun als Vereinigung $U = \text{Spek } R - V(E) = \text{Spek } R - \bigcap_{g \in E} V(g) = \bigcup_{g \in E} \text{Spek } R^g$ solcher Mengen Spek R^g darstellen. Es reicht also, zu zeigen, dass jede Überdeckung durch solche Mengen $D(g)$ eine endliche Teilüberdeckung enthält. Es sei daher

$$\text{Spek } R = \bigcup_\lambda D(g_\lambda). \tag{3.7}$$

Dies bedeutet, dass

$$\bigcap_\lambda V(g_\lambda) = V(J) = \emptyset \tag{3.8}$$

wenn J das von den g_λ erzeugte Ideal ist. Es gibt also kein Primideal, das J enthält, und daher ist $J = R$. In diesem Falle gibt es aber $g_{\lambda_1}, \ldots, g_{\lambda_k}$ und Elemente $h_1, \ldots, h_k$ mit

$$g_{\lambda_1} h_1 + \cdots + g_{\lambda_k} h_k = 1. \tag{3.9}$$

Das von $g_{\lambda_1}, \ldots, g_{\lambda_k}$ erzeugte Ideal ist also R, und daher

$$\text{Spek } R = \bigcup_{i=1,\ldots,k} D(g_{\lambda_i}), \tag{3.10}$$

wodurch wir eine endliche Teilüberdeckung gefunden haben. □

In suggestiver Notation können wir auch

$$D(g) = (\text{Spek } R)_g \tag{3.11}$$

schreiben, da es sich um die Menge der Primideale handelt, die g nicht enthalten. Nach (3.6) ist also dann

$$(\text{Spek } R)_g = \text{Spek } R^g, \tag{3.12}$$

wobei der niedergestellte Index zum Ausdruck bringt, dass sich die Menge der Primideale verkleinert, während uns der hochgestellte Index sagt, dass sich der Ring vergrößert.

3.2 Garben

Um nun auf dem topologischen Raum $X = \text{Spek } R$ für einen Ring R die sog. Strukturgarbe konstruieren und darauf aufbauend dann den Begriff des Schemas gewinnen zu können, müssen wir zunächst den Begriff der Garbe einführen. Wer dies schon kennt, beispielsweise aus [6], kann direkt zum nächsten Abschnitt übergehen.

Definition 3.2.1 Es sei $(X, \mathcal{U}(X))$ ein topologischer Raum. Eine *Prägarbe* P auf X ordnet jedem $U \in \mathcal{U}(X)$ in einer derartigen Weise eine Menge PU zu, dass jedes $V \subset U$, $V \in \mathcal{U}(X)$, eine Abbildung

$$p_{UV} : PU \to PV \tag{3.1}$$

induziert. Für $f \in PU$ heißt $p_{UV}(f) \in PV$ die Einschränkung von f auf V. Diese Abbildungen müssen die natürlichen Bedingungen

$$p_{UU} = \text{id für alle} \tag{3.2}$$

$$p_{UW} = p_{UV} p_{VW} \text{ für } W \subset V \subset U \tag{3.3}$$

erfüllen, und $P\emptyset$ soll aus genau einem Element bestehen.

Beispielsweise können wir den Ring $PU = C^0(U)$ der stetigen Funktionen auf U nehmen. Die Abbildung p_{UV} aus (3.1) schränkt dann einfach eine auf U definierte stetige Funktion f auf die Untermenge $V \subset U$ ein. Dies ergibt eine Prägarbe, die wir auch mit $C^0(X)$ bezeichnen wollen.

Definition 3.2.2 Eine Prägarbe P auf einem topologischen Raum $(X, \mathcal{U}(X))$ heißt eine *Garbe*, falls, wenn $U = \bigcup_{i \in I} U_i$ für eine Familie $(U_i)_{i \in I} \subset \mathcal{U}(X)$ und $\pi_i \in PU_i$ die Verträglichkeitsbedingung $p_{U_i, U_i \cap U_j} \pi_i = p_{U_j, U_i \cap U_j} \pi_j$ für alle $i, j \in I$ erfüllen, es genau ein $\pi \in PU$ mit $p_{UU_i} \pi = \pi_i$ für alle i gibt.

Die Prägarbe $C^0(X)$ der stetigen Funktionen auf X ist eine Garbe, denn, wenn zwei stetige Funktionen $f_j : U_j \to \mathbb{R}$, $j = 1, 2$, auf dem Durchschnitt $U_1 \cap U_2$ übereinstimmen, also $f_1(x) = f_2(x)$ für alle $x \in U_1 \cap U_2$ gilt, so können wir sie zu einer stetigen Funktion $f : U_1 \cup U_2 \to \mathbb{R}$ mit $f_{|U_i} = f_i$ zusammensetzen. Die Prägarbe der beschränkten stetigen Funktionen auf einem nichtkompakten Raum ist aber i.a. keine Garbe, da lokal beschränkte Funktionen nicht global beschränkt zu sein brauchen.

Wenn X eine differenzierbare Struktur trägt, können wir auch Garben von differenzierbaren Funktionen betrachten, und wenn X eine komplexe Struktur trägt und wir statt $\mathbb{R}$ die komplexen Zahlen $\mathbb{C}$ als Zielmenge nehmen, haben wir auch die Garbe der holomorphen Funktionen.

Bei der Definition einer (Prä)garbe ist verlangt worden, dass wir Objekte aus PU auf Teilmengen einschränken können, aber nicht, dass wir umgekehrt auch Objekte aus V auf eine Obermenge $U \supset V$ erweitern können. Und insbesondere bei holomorphen Funktionen geht das oft auch nicht.

3.3 Die Strukturgarbe

Wir wollen nun eine Garbe $\mathcal{O}$ auf dem topologischen Raum $X = \text{Spek } R$ für einen Ring R konstruieren. Wir werden dabei das Prinzip benutzen, dass wir schon bei der Definition der Topologie auf Spek R benutzt haben. Der Modellfall ist ein Ring R von Funktionen auf einer Menge oder von stetigen Funktionen auf einem topologischen Raum X. Wir gehen dabei von den „Punkten" aus, also den Primidealen, die aus den Funktionen bestehen, die in einem solchen „Punkt" verschwinden. In diesem Sinne schreiben wir auch $I \in U$ für ein Primideal I und eine Teilmenge $U \subset X$, wenn die gemeinsame Nullstellenmenge der durch I definierten Funktionen in U liegt. Ein solcher „Punkt" ist abgeschlossen, wenn er durch ein maximales Ideal gegeben ist. Wir benutzen hier Anführungszeichen, weil wir durch diese Konstruktion im Allgemeinen noch weitere „Punkte" erhalten als nur die gewöhnlichen Punkte der zugrunde liegenden Menge. Insbesondere ist X selbst ein „Punkt", weil er dem durch 0 erzeugten Primideal entspricht, also den Funktionen, die auf ganz X verschwinden.

Wenn wir (unter Auslassung wichtiger technischer Aspekte) den Fall betrachten, wo X eine komplexe Mannigfaltigkeit oder eine algebraische Varietät ist, und wir Ringe holomorpher Funkionen betrachten, dann sind auch noch andere irreduzible Untervarietäten als nur die Punkte (ohne Anführungszeichen) durch Primideale holomorpher Funktionen gegeben. Wir wollen nun allerdings die Anführungszeichen grundsätzlich weglassen und unter Punkten immer Punkte in diesem verallgemeinerten Sinne verstehen.

Die wesentlichen abgeschlossenen Mengen sind also durch die Punkte gegeben, die den maximalen Idealen entsprechen, und die wesentlichen offenen Mengen sind dann die Komplemente solcher Punkte, also minimale Mengen, auf denen bestimmte Funktionen f nicht verschwinden. Wo nun eine solches f nicht verschwindet, können wir durch es teilen und Quotienten $\frac{g}{f}$ betrachten. Auf einer solchen offenen Menge haben wir also mehr Funktionen als auf dem ganzen Raum X. Dies ist besonders wichtig, wenn wir kompakte komplexe Mannigfaltigkeiten oder algebraische Varietäten[1] mit der Garbe der holomorphen Funktionen betrachten. Diese Räume tragen keine globalen holomorphen Funktionen außer den Konstanten. Auf offenen Menge kann es aber nichttriviale holomorphe Funktionen geben. Wir können also höchstens dann den Raum aus seinen holomorphen Funktionen rekonstruieren, wenn wir auch Funktionen in Betracht ziehen, die nicht überall, sondern nur im Komplement einiger Punkte definiert sind. Man kann in dieser Situation auch mit meromorphen Funktionen arbeiten, also solchen, die holomorph auf dem Komplement einiger Punkte sind, wo sie Pole haben dürfen. Wiederum würde man dann mit einer Topologie arbeiten, deren offene Mengen diejenigen sind, wo geeignete Familien meromorpher Funktionen keine Pole haben.

Wir wollen dies nun mit dem entwickelten Begriffsapparat formalisieren. Wir betrachten zunächst den Fall, wo R keine Nullteiler hat, also ein Integritätsbereich ist. K sei der Quotientenkörper. Für ein offenes $U \subset \mathrm{Spek}\, R$ sei $\mathcal{O}(U)$ die Menge derjenigen $u \in K$, die für jedes $I \in U$, also für jedes Primideal I in U, als $u = (a, b)$ mit $a, b \in R$, aber $b \notin I$, dargestellt werden können. Die suggestive Schreibweise $b(I) \neq 0$ soll andeuten, dass wir a, b als Funktionen auf U betrachten, wobei b in dem Punkt I nicht verschwindet. $\mathcal{O}$ liefert dann eine Garbe auf $\mathrm{Spek}\, R$ (wie wir unten noch für den allgemeinen Fall diskutieren werden), die *Strukturgarbe* von $\mathrm{Spek}\, R$.

Es gilt

$$\mathcal{O}(\mathrm{Spek}\, R) = R, \tag{3.4}$$

wie man folgendermaßen sieht. Wenn $u \in \mathcal{O}(\mathrm{Spek}\, R)$, so gibt es zu jedem $I \in \mathrm{Spek}\, R$ Elemente $a_I, b_I \in R$ mit

$$u = (a_I, b_I), b_I(I) \neq 0. \tag{3.5}$$

---

[1]Leider können wir diese Begriffe im Rahmen dieses kurzen Textes nicht systematisch einführen. Daher sind diese Strukturen als Motivation für diejenigen Leserinnen und Leser gedacht, die sie schon einmal gesehen haben.

Das von allen b_I, $I \in \mathrm{Spek}\, R$, erzeugte Ideal J ist daher in keinem Primideal von R enthalten, also $J = R$. Mit dem Argument aus dem Beweis von Satz 3.1.1 finden wir daher $I_1, \ldots, I_k$ und $h_1, \ldots, h_k \in R$ mit

$$b_{I_1} h_1 + \cdots + b_{I_k} h_k = 1. \tag{3.6}$$

Weil nach (3.5) u als $u = (a_{I_j}, b_{I_j})$ für jedes j dargestellt werden kann, erhalten wir durch Multiplikation dieser Darstellung mit $b_{I_j} h_j$ und Summation bzgl. j

$$u = a_{I_1} h_1 + \cdots + a_{I_k} h_k \in R, \tag{3.7}$$

und daher $\mathcal{O}(\mathrm{Spek}\, R) = R$, wie behauptet.

Wir wenden uns nun dem allgemeinen Fall zu, wo R also Nullteiler haben kann, und setzen in Verallgemeinerung von (3.4)

$$\mathcal{O}(D(g)) = \mathcal{O}(\mathrm{Spek}\, R^g) = R^g, \tag{3.8}$$

uns an (3.5), (3.6) erinnernd. Die dahinterstehende Idee ist wiederum natürlich und einfach. Wenn R der Ring der stetigen Funktionen auf einem topologischen Raum X und $f \in R$ ist, so betrachten wir die offene Menge $D(f) = \{x \in X : f(x) \neq 0\}$, auf welcher der Kehrwert $\frac{1}{f}$ definiert ist, und daher können wir auf $D(f)$ diesen Kehrwert zu R hinzufügen, um den Ring R^f als den Ring der stetigen Funktionen auf $D(f)$ zu erhalten.

Wenn $D(f) \subset D(g)$, so enthalten all die Primideale, die f nicht enthalten, auch g nicht, und daher ist nach Kor. 2.3 eine Potenz von f ein Vielfaches von g. Wir können daher die Einschränkungsabbildung $\rho_{D(g)D(f)}$ als die Lokalisierungsabbildung $R^g \to R^{gf} = R^f$ definieren.

Lemma 3.3.1 *Wie in Satz 3.1.1 sei $D(g)$ durch offene Mengen $D(g_\lambda)$ überdeckt. Wenn dann $h, k \in R^g$ in jedem R^{g_λ} übereinstimmen, so sind sie gleich.*

Wenn umgekehrt zu jedem λ ein solches $h_\lambda \in R^{g_\lambda}$ existiert, dass für jedes λ, μ die Bilder von h_λ und h_μ in $R^{g_\lambda g_\mu}$ übereinstimmen, so gibt es ein $h \in R^g$, dessen Bild in R^{g_λ} das Element h_λ für alle λ ist.

Beweis Wir betrachten zuerst den Fall $g = 1$. Dann ist $R^g = R$ und $D(g) = \mathrm{Spek}\, R =: X$.

Wenn $h, k \in R^g$ in R^{g_λ} übereinstimmen, dann ist $(g_\lambda)^N (h - k) = 0$ für eine Potenz N. Weil wir nach Lemma (3.1.1) annehmen können, dass die Überdeckung endlich, so verschwindet das Produkt von $h - k$ mit einer Potenz des Produktes der $g_{\lambda_i}, i = 1, \ldots, k$. Weil das von diesen Elementen erzeugte Ideal der gesamte Ring ist, so ist $h = k$ in R.

Wir kommen zum zweiten Teil. Wenn $h_\lambda = h_\mu$ in $R^{g_\lambda g_\mu}$, so $(g_\lambda g_\mu)^N h_\lambda = (g_\lambda g_\mu)^N h_\mu$ für alle großen N. Wiederum mit Lemma 3.1.1 können wir das gleiche N für alle λ, μ nehmen. Wie vorher erzeugen die g_λ und daher auch die $(g_\lambda)^N$ den gesamten Ring R, also

$$1 = \sum_\lambda f_\lambda (g_\lambda)^N \text{ with } f_\lambda \in R. \tag{3.9}$$

Wir setzen

$$h = \sum_\lambda f_\lambda (g_\lambda)^N h_\lambda. \tag{3.10}$$

Dann ist für jedes μ

$$(g_m u)^N h = \sum_\lambda (g_m u)^N f_\lambda (g_\lambda)^N h_\lambda = \sum_\lambda (g_m u)^N f_\lambda (g_\lambda)^N h_\mu$$
$$= (g_m u)^N (\sum_\lambda f_\lambda (g_\lambda)^N) h_\mu = (g_m u)^N h_\mu.$$

h stimmt daher mit h_μ auf jedem $D(g_\lambda)$ überein.

Ein beliebiges g lässt sich nun durch Anwendung des vorstehenden Falles auf $X' := D(g), R' := R^g, g'_\lambda := gg_\lambda$ behandeln. $\square$

Lemma 3.3.1 verifiziert die Garbeneigenschaft von (3.8) bzgl. einer offenen Überdeckung von Spek R. Die Garbeneigenschaft gilt auch im allgemeinen Fall, wobei wir aber den nicht allzu schweren Beweis auslassen.

Satz 3.3.1 *Es sei R ein kommutativer Ring mit Eins. Durch*

$$\mathcal{O}(\text{Spek } R^g) = R^g \text{ für } g \in R \tag{3.11}$$

wird eine Garbe auf dem topologischen Raum Spek R *definiert.*

Definition 3.3.1 Diese Garbe heißt die *Strukturgarbe* von Spek R.

Wir erinnern uns hierbei an (3.6) und (3.8). Wenn unser Ring wieder der Ring $R(M, \mathbb{R})$ der Funktionen auf der Menge M ist, so entsprechen die maximalen

Primideale, die g nicht enthalten, gerade den Punkten von M, in denen g nicht verschwindet. Der Ring R^g entsteht durch Hinzufügung eines Inversen zu g, was gerade in diesen Punkten möglich ist, und das Spektrum von R^g besteht aus den Primidealen, die g nicht enthalten, also den (verallgemeinerten) Punkten von U. Dem Spektrum von R^g ordnen wir also durch 3.11 gerade die dort definierbaren Funktionen zu. Der vollständige Sinn erschließt sich allerdings erst, wenn wir die Funktionen einschränken, also beispielsweise den Ring $C^0(X)$ der *stetigen* Funktionen auf einem topologischen Raum betrachten. Dann kann es auf einer offenen Menge $U \subset X$ definierte stetige Funktionen geben, die sich nicht stetig auf den ganzen Raum X fortsetzen lassen, obwohl sich umgekehrt jede stetige Funktion auf X auf die offene Untermenge U einschränken lässt. Dann besteht $\mathcal{O}(\text{Spek } C^0(U))$ aus den auf U definierten stetigen Funktionen. Das eigentlich zentrale Beispiel werden wir aber erst am Ende des nächsten Abschnittes besprechen.

3.4 Schemata

Definition 3.4.1 Ein *affines Schema* $(X, \mathcal{O})$ ist das Spektrum eines kommutativen Ringes R mit Eins, $X = \text{Spek } R$, versehen mit der oben konstruierten Topologie und der Strukturgarbe $\mathcal{O}$.

Der Ring R selbst ist dann $R = \mathcal{O}(X)$. Ein affines Schema lässt sich durch die folgenden Eigenschaften charakterisieren, deren zugrundeliegende Ideen wir hier noch einmal aufführen wollen.

1. Für die Punkte $x \in X$ sind die sog. *Halme* $\mathcal{O}_x$ lokale Ringe. Sie enthalten also ein nichttriviales Ideal, welches alle anderen Ideale enthält. Ein solcher Halm ergibt sich durch Division durch alle Elemente von R, die in x nicht verschwinden (in dem Sinne, dass sie nicht in dem x entsprechenden Primideal enthalten sind), und das maximale Ideal J_x besteht dann aus den Elementen, die in x verschwinden. Dieses Ideal enthält tatsächlich alle anderen, weil alle Elemente, die nicht in J_x liegen, nach Konstruktion in dem Halm $\mathcal{O}_x$ invertierbar sind.

2. Offene Mengen entstehen, indem man den Ring R durch Division durch geeignete nichttriviale Elemente erweitert. Genauer sei $f \in R$ nicht nilpotent. Wir haben dann die offene Menge U_f mit

$$\mathcal{O}(U_f) = R[f^{-1}]; \tag{3.12}$$

U_f ist also die Menge der Punkte $x \in X$, in denen f auf eine Einheit in dem Halm $\mathcal{O}_x$ abgebildet wird. Die Idee besteht wieder darin, die offene Menge U_f mittels f als die Menge der Punkte zu erzeugen, in denen f invertiert werden kann. Auf diese Weise entsteht die Topologie von X aus der algebraischen Struktur des Ringes R.

3. Aus dem Halm $\mathcal{O}_x$ und seinem maximalen Ideal J_x erhalten wir das Ideal in $\mathcal{O}(X)$ als sein Urbild. Wiederum besteht die Idee darin, den Punkt x als das Ideal derjenigen Funktionen aufzufassen, die in x nicht invertierbar sind. Dadurch erhalten wir eine Abbildung

$$X \to \operatorname{Spek} \mathcal{O}(X). \tag{3.13}$$

Für ein affines Schema ist dies ein Homöomorphismus topologischer Räume.

Wir haben also die Korrespondenz

$$R = \mathcal{O}(\operatorname{Spek} R) \text{ und } X = \operatorname{Spek} \mathcal{O}(X), \tag{3.14}$$

und die algebraische Struktur des Ringes R entspricht der geometrischen Struktur des Raumes $X = \operatorname{Spek} R$.

Definition 3.4.2 Ein *Schema* X ist ein topologischer Raum $|X|$ mit einer Garbe $\mathcal{O}$ von Ringen, derart, dass $|X|$ durch offene U_α der Gestalt

$$U_\alpha \cong |\operatorname{Spek} R_\alpha| \text{ für Ringe } R_\alpha \text{ mit } \mathcal{O}(U_\alpha) \cong \mathcal{O}(\operatorname{Spek} R_\alpha) \tag{3.15}$$

überdeckt wird.

Wir nennen $(|X|, \mathcal{O})$ in diesem Fall auch *lokal affin*.

Das grundlegende **Beispiel:** K sei ein algebraisch abgeschlossener Körper, z. B. $\mathbb{C}$. Der n-dimensionale affine Raum über K ist definiert als

$$\mathcal{A}_K^n := \operatorname{Spek} K[X_1, \ldots, X_n], \tag{3.16}$$

das Spektrum des Ringes der Polynome in n Variablen über K. Weil K algebraisch abgeschlossen ist, folgt aus dem Hilbertschen Nullstellensatz, dass der Quotient des Polynomringes $K[X_1, \ldots, X_n]$ nach einem maximalen Ideal K selbst ist. Die maximalen Ideale sind daher

$$J = (X_1 - \xi_1, \ldots, X_n - \xi_n), \text{ für } \xi_1, \ldots, \xi_n \in K. \qquad (3.17)$$

Die maximalen Ideale, also die abgeschlossenen Punkte des Schemas $\mathcal{A}_K^n$ können daher mit n-Tupeln $(\xi_1, \ldots, \xi_n)$ von Elementen von K identifiziert werden. Irreduzible Polynomiale $f(X_1, \ldots, X_n) \in K[X_1, \ldots, X_n]$ erzeugen Primideale und liefern dadurch andere, nicht abgeschlossene Punkte. Der Abschluss eines solchen Punktes enthält alle $(\xi_1, \ldots, \xi_n)$ mit $f(\xi_1, \ldots, \xi_n) = 0$. Ein solcher Punkt entspricht also einer irreduziblen Untervarietät Σ_f of K^n, und der Abschluss enthält neben den abgeschlossenen Punkten, die in dieser Untervarietät liegen, auch alle Punkte, die den irreduziblen Untervarietäten von Σ_f entsprechen; diese sind Schnitte von Nullstellenmengen anderer irreduzibler Polynome mit der Nullstellenmenge von f. Insbesondere enthält der Punkt, der dem Nullideal (0) entspricht, in seinem Abschluss sämtliche Punkte, die irreduziblen Untervarietäten von K^n entsprechen, und nicht nur sämtliche abgeschlossenen Punkte $(\xi_1, \ldots, \xi_n) \in K^n$.

Wir wollen noch einmal die wesentlichen Beispiele gegenüberstellen:

1. Für den Ring $R(M, \mathbb{R})$ der Funktionen auf einer Menge M gilt, dass sich jede auf einer Untermenge $U \subset M$ definierte Funktion f auf ganz M fortsetzen lässt, beispielsweise durch $f(y) = 1$ oder auch $= 0$ für alle $y \in M \backslash U$.

2. Für den Ring $C^0(X, \mathbb{R})$ der stetigen Funktionen auf einem topologischen Raum X gilt dies nicht mehr. Beispielsweise lässt sich die auf $\mathbb{R} \backslash \{0\}$ stetige Funktion $x \mapsto \frac{1}{x}$ nicht stetig auf ganz $\mathbb{R}$ fortsetzen. Aber es gibt Nullteiler, also Funktionen f, g, die beide nicht identisch verschwinden, aber $fg \equiv 0$ erfüllen. Z. B. verschwindet das Produkt von $f(x) = \min(x, 0)$ und $g(x) = \max(x, 0)$ identisch auf $\mathbb{R}$.

3. Für den Polynomring $\mathbb{R}[X_1, \ldots, X_n]$ oder $\mathbb{C}[X_1, \ldots, X_n]$ gibt es dagegen keine solchen Nullteiler. Wenn das Produkt zweier Polynome überall verschwindet, so muss dies auch einer der Faktoren tun. Die Nullstellenmengen von Polynomen heißen (algebraische) Untervarietäten von $\mathbb{R}^n$ bzw. $\mathbb{C}^n$. Und eine solche Untervarietät V heißt irreduzibel, wenn die Polynome, die dort verschwinden, ein Primideal bilden, wenn also, falls das Produkt fg zweier Polynome auf V identisch verschwindet, dies auch mindestens einer der Faktoren tun muss. So sind lineare Unterräume des $\mathbb{R}^n$ oder $\mathbb{C}^n$ irreduzibel, nicht aber die Vereinigung zweier verschiedener Unterräume. Z.B. verschwindet $f(x_1, \ldots, x_n) = x_1$ auf dem linearen Unterraum $\{x_1 = 0\}$ und $g(x_1, \ldots, x_n) = x_2$ auf dem linearen Unterraum $\{x_2 = 0\}$ und ihr Produkt auf der Vereinigung dieser beiden Unterräume. Wenn allerdings ein Polynom auf einer (bzgl. der euklidischen Topologie) offenen Untermenge von $\{x_1 = 0\}$ verschwindet, so verschwindet es schon auf

diesem ganzen Unterraum. Dieser ist also, wie alle affin linearen Unterräume, irreduzibel.

Das Vorstehende analysiert den affinen Fall. Als Beispiel eines nicht mehr affinen Schemas konstruieren wir nun den *projektiven Raum* $\mathbb{P}^n(R)$ über dem Ring R als die Vereinigung von $n + 1$ Exemplaren des affinen Schemas

$$\text{Spek } R[X_1, \ldots, X_n]. \tag{3.18}$$

Da wir die verschiedenen Exemplare zunächst unterscheiden müssen, führen wir entsprechende Variablen X^i_j ein und setzen

$$U_i := \text{Spek } R[X^i_0, \ldots, X^i_{i-1}, X^i_{i+1}, \ldots, X^i_n]. \tag{3.19}$$

Dann betrachten wir, uns an (3.12) erinnernd,

$$(U_i)_{X^i_j} = \text{Spek } R[X^i_0, \ldots, X^i_{i-1}, X^i_{i+1}, \ldots, X^i_n, (X^i_j)^{-1}], \tag{3.20}$$

also die Primideale, die X^i_j nicht enthalten. Wir können dann $(U_i)_{X^i_j} \subset U_i$ mit $(U_j)_{X^j_i} \subset U_j$ mittels der Ringabbildungen

$$X^j_k = X^i_k / X^i_j \text{ für } 0 \leq k \leq n, k \neq i, j$$
$$X^j_i = 1 / X^i_j$$

identifizieren, oder wie man auch sagt, verkleben und dann einfach $X^j_i = X_i / X_j$ schreiben. Die sich hieraus ergebende Abbildung zwischen den Ringen $R[X_0/X_i, \ldots, X_n/X_i, X_i/X_j]$ und $R[X_0/X_j, \ldots, X_n/X_j, X_j/X_i]$ liefert dann die Identifikation von $(U_i)_{X^i_j} \subset U_i$ und $(U_j)_{X^j_i} \subset U_j$.

Wenn nun $F(X_0, \ldots, X_n)$ ein *homogenes* Polynom vom Grad d ist, so ist dessen Nullstellenmenge durch

$$\{F = 0\} \cap U_i = V((F/(X_i)^d)) \tag{3.21}$$

gegeben.

Zusammenfassung und Ausblick 4

Wir geben zunächst einen Überblick über die eingeführten mathematischen Konzepte und erläutern diese dann noch einmal an Beispielen.

Wir erfassen die Struktur eines kommutativen Ringes R mit Eins durch seine Ideale. Ein Ideal ist eine nichtleere Teilmenge, die eine Untergruppe von R als abelsche Gruppe bildet und bzgl. der Multiplikation

$$mi \in I \text{ für alle } i \in I, m \in R$$

erfüllt. Nichttriviale Ideale, also andere als das Nullideal und R selbst, gibt es nur, wenn R kein Körper ist, also Elemente besitzt, die nicht multiplikativ invertiert werden können. Durch die Untersuchung der Ideale können wir daher erschließen, wie stark sich R von einem Körper unterscheidet. Dabei reicht es aus, die Primideale zu betrachten, denn aus diesen lassen sich dann auch alle anderen Ideale gewinnen, so wie sich jede ganze Zahl in ihre Primfaktoren zerlegen lässt. Ein Ideal $I \neq R$ heißt dabei Primideal, falls, wenn $ab \in I$ für $a, b \in R$, dann auch $a \in I$ oder $b \in I$. In dem Ring $\mathbb{Z}$ sind die Primideale also gerade diejenigen der Form $p\mathbb{Z}$ mit einer Primzahl p, und daher kommt natürlich auch der Name. Auf der Menge Spek R der Primideale von R führen wir die Spektraltopologie ein, indem wir als abgeschlossene Mengen diejenigen der Form $V(E)$ wählen, die aus allen die Menge $E \subset R$ enthaltenden Primidealen bestehen. Mit dieser Topologie wird Spek R ein kompakter topologischer Raum, der allerdings (außer in trivialen Fällen) nicht die Hausdorffeigenschaft erfüllt. Für ein $g (\neq 0) \in R$ bilden wir dann den Ring R^g, indem wir zu R ein Inverses für g hinzufügen. Dann besteht Spek R^g genau aus denjenigen Primidealen von R, die g nicht enthalten, ist also offen in der Spektraltopologie. Dies sind sogar die wesentlichen offenen Mengen, denn jede andere offene Menge lässt sich als Vereinigung solcher Mengen darstellen.

© Springer Fachmedien Wiesbaden GmbH, ein Teil von Springer Nature 2019   27
J. Jost, *Spektren, Garben, Schemata*, essentials,
https://doi.org/10.1007/978-3-658-28317-9_4

Wir kehren dann den Prozess um und rekonstruieren Ringe aus Mengen von Primidealen. Wir konstruieren auf dem topologischen Raum Spek R eine Garbe $\mathcal{O}(\text{Spek } R)$ von Ringen, seine Strukturgarbe, indem wir einfach der offenen Menge Spek R^g den Ring R^g zuordnen, denn dies ist gerade derjenige Ring, der Spek R^g als Menge seiner Primideale hat. Von einem algebraischen Objekt, dem Ring R, strukturiert durch seine Primideale, waren wir zu dem topologischen Raum Spek R übergegangen, und aus diesem Raum gewinnen wir durch seine Strukturgarbe die lokale algebraische Struktur von R zurück. *Lokal* ist hierbei ein topologischer Begriff, aber wir haben dies nun algebraisiert. Der Begriff des affinen Schemas bezeichnet nun diese Dualität zwischen einer algebraischen und einer topologischen Struktur. Ein affines Schema $(X, \mathcal{O})$ ist das Spektrum eines kommutativen Ringes R mit Eins, $X = \text{Spek } R$, versehen mit der Spektraltopologie und der Strukturgarbe $\mathcal{O}$. Ein allgemeines Schema lässt sich aus solchen affinen Schemen zusammenkleben. Ein Schema X ist also ein topologischer Raum $|X|$ mit einer Garbe $\mathcal{O}$ von Ringen, der durch offene U_α der Gestalt

$$U_\alpha \cong |\text{Spek } R_\alpha| \text{ für Ringe } R_\alpha \text{ mit } \mathcal{O}(U_\alpha) \cong \mathcal{O}(\text{Spek } R_\alpha)$$

überdeckt wird.

Das Konzept des Schemas lässt sich am besten an Beispielen erläutern. Da wir im Text schon ausführlich die Ringe $\mathbb{Z}$ und $R(M, \mathbb{R})$ besprochen haben, betrachten wir nun zunächst noch einmal den Ring $C^0(X, \mathbb{R})$ der stetigen Funktionen auf einem topologischen Raum $(X, \mathcal{U}(X))$. Wir wollen dabei annehmen, dass die Topologie auf X es uns erlaubt, Punkte auf X durch stetige Funktionen zu trennen; zu $x_1 \neq x_2 \in X$ soll es also stetige Funktionen f_1, f_2 mit $f_1(x_1) = f_2(x_2) = 0$, aber $f_1(x_2)$, $f_2(x_1) \neq 0$ geben. Zu $x \in X$ haben wir das Primideal

$$I_x = \{g \in C^0(X, \mathbb{R}) : g(x) = 0\}.$$

Wenn nun $f \notin I_x$, so ist $f(x) \neq 0$, und daher, weil stetig, auch $f(y) \neq 0$ für alle y in einer Umgebung U_f von x. In dieser Umgebung können wir also durch f teilen. Dies geht für jedes solche f; allerdings hängt die Umgebung U_f von f ab, und der Durchschnitt all dieser Umgebungen besteht vielleicht nur aus dem Punkt x selbst, ist also womöglich keine offene Umgebung von x mehr. Es gibt also möglicherweise keine Umgebung von x, in der sämtliche $f \notin I_x$ nicht verschwinden. Trotzdem können wir aber den lokalen Ring $C^0(X, \mathbb{R})_{I_x}$ bilden, in welchem wir durch alle solchen f teilen können. Dieser erfasst die lokale, ober wie man vielleicht in vielen Beispielen besser sagen sollte, die infinitesimale Situation in der Nähe von x.

Als duale Konstruktion können wir zu jedem $g \in I_x$ den Ring $C^0(X, \mathbb{R})^g$ bilden, in welchem wir zu g ein Inverses hinzugefügt haben. Nun können wir durch g in allen Punkten teilen, in denen g nicht verschwindet, also außerhalb der Nullstellenmenge A_g von g. Da $g \in I_x$, ist $x \in A_g$, aber A_g kann noch weitere Punkte enthalten. Dieser Ring $C^0(X, \mathbb{R})^g$ führt uns also auf das Komplement $X \setminus A_g$ der Nullstellenmenge von g. Wenn wir dies für jedes $g \in I_x$ machen, so erhalten wir, weil es nach Annahme zu jedem $y \neq x$ ein $g \in I_x$ mit $g(y) \neq 0$ gibt, als Vereinigung dieser Komplemente $X \setminus \{x\}$.

Das vorstehende Beispiel erläutert zwar die Konzepte, erschließt aber noch nicht die mathematische Reichweite des Begriffs des Schemas. Stetige Funktionen sind in gewisser Weise zu lokal. Wenn wir die Werte einer stetigen Funktion in einer offenen Menge U von X kennen, können wir noch nichts über ihre Werte in einer anderen, zu U disjunkten offenen Menge sagen. Auch können die Nullstellenmengen stetiger Funktionen beliebige abgeschlossene Mengen sein. Dies ändert sich, wenn wir *analytische* Funktionen betrachten, also solche, die sich lokal in Taylorreihen entwickeln lassen. Die wesentlichen qualitativen Eigenschaften zeigen sich allerdings auch schon bei Reihen mit nur endlich vielen Gliedern. Dies sind die Polynome. Und tatsächlich stellen die Eigenschaften von Polynomringen wie $\mathbb{R}[X_1, \ldots, X_n]$ und insbesondere $\mathbb{C}[X_1, \ldots, X_n]$ die wesentlichen Quellen für die Entwicklung des Begriffs des Schemas dar. In Polynomringen gibt es im Unterschied zu Ringen stetiger Funktionen keine Nullteiler. Wenn das Produkt zweier Polynome überall verschwindet, so muss dies auch einer der Faktoren tun. Die Nullstellenmengen solcher Polynome heißen (algebraische) Untervarietäten von $\mathbb{R}^n$ bzw. $\mathbb{C}^n$. Die auf einer Untervarietät V verschwindenden Polynome bilden ein Ideal im Polynomring. Und wenn dies ein Primideal ist, so heißt V irreduzibel. V ist also irreduzibel, wenn, falls das Produkt fg zweier Polynome auf V identisch verschwindet, dies auch mindestens einer der Faktoren tun muss. So sind die linearen Unterräume des $\mathbb{R}^n$ oder $\mathbb{C}^n$ irreduzibel, nicht aber die Vereinigung zweier verschiedener Unterräume. Z.B. verschwindet $f(x_1, \ldots, x_n) = x_1$ auf dem linearen Unterraum $\{x_1 = 0\}$ und $g(x_1, \ldots, x_n) = x_2$ auf dem linearen Unterraum $\{x_2 = 0\}$ und ihr Produkt auf der Vereinigung dieser beiden Unterräume. Beliebige Untervarietäten lassen sich so in ihre irreduziblen Bestandteile zerlegen, genauso wie sich eine ganze Zahl in ihre Primfaktoren zerlegen lässt. Nur ist die geometrische Situation reichhaltiger, weil es irreduzible Untervarietäten in verschiedenen Dimensionen gibt. Und auch der Dimensionsbegriff lässt sich leicht algebraisch gewinnen. Eine Untervarietät, die sich als Nullstellenmenge eines einzigen irreduziblen Polynoms darstellen lässt, hat die Kodimension 1, eine Untervarietät, die der Durchschnitt der Nullstellenmenge zweier unabhängiger Polynome ist, hat die Kodimension 2, und ein einzelner Punkt des $\mathbb{R}^n$ oder $\mathbb{C}^n$ ist der Durchschnitt der Nullstellenmenge von n Polynomen. Auf diese Weise lassen sich geometrische Begriffe aus algebraischen Konstruktionen gewinnen. Die komplexen Räume $\mathbb{C}^n$ sind dabei besser als die reellen Räume $\mathbb{R}^n$ geeignet, weil in den komplexen Zahlen Polynome immer so viele Nullstellen besitzen, wie ihr Grad angibt. Zu einem algebraischen Objekt, einem Polynom über $\mathbb{C}$, gibt es daher immer sein vollständiges geometrisches Gegenstück, sein Nullstellengebilde.

Dabei können solche Nullstellengebilde auch geometrische Singularitäten aufweisen, wie $x_1^3 - x_2^2 = 0$ im Ursprung des $\mathbb{R}^2$. Beim Studium von Singularitäten zeigt dann der algebraische Zugang seine Kraft.

Der Polynomring $\mathbb{C}[X_1, \ldots, X_n]$ beschreibt eine lokale Situation. Global lassen sich Räume wie der projektive Raum $\mathbb{P}(\mathbb{C})$ dadurch gewinnen, dass man solche lokalen Gebilde, also affine Schemata, zusammenklebt. Auf diesem Raum kann man dann homogene Polynome und deren Nullstellenmengen betrachten. Diese sind dann algebraische Varietäten, und sie lassen sich mit den Mitteln der Theorie der Schemata untersuchen.

In diesem Sinne entwickelt die Theorie der Schemata also algebraische Hilfsmittel zum Studium geometrischer Objekte. Aber auch die im Begriff ebenfalls enthaltene Umkehrung, also die Übersetzung algebraischer Strukturen in geometrische Sachverhalte, ist außerordentlich nützlich. Insbesondere konnte auf diese Weise ein sehr leistungsstarker Ansatz für das Studium zahlentheoretischer Probleme gewonnen werden. Dies ist die arithmetische Geometrie; als Einführung s. z. B. [7].

Anhang: Topologische Räume

Definition A.1 Ein *topologischer Raum* $(X, \mathcal{U}(X))$ ist eine Menge, bei der eine Familie $\mathcal{U}(X)$ von Teilmengen,[1] welche *offene Mengen* heißen, ausgezeichnet ist, die den folgenden Bedingungen genügt:

(i) $X \in \mathcal{U}(X)$.
(ii) $\emptyset \in \mathcal{U}(X)$.
(iii) Falls $U, V \in \mathcal{U}(X)$, so auch $U \cap V \in \mathcal{U}(X)$.
(iv) Für jede Familie $(U_i)_{i \in I} \subset \mathcal{U}(X)$ ist auch $\bigcup_{i \in I} U_i \in \mathcal{U}(X)$.

Ein solches System $\mathcal{U}(X)$ offener Mengen wird auch eine *Topologie* auf X genannt. I.F. werden wir auch manchmal von einem topologischen Raum X reden, wenn die Topologie $\mathcal{U}(X)$ sich aus dem Kontext ergibt.

Für ein $x \in X$ heißt ein offenes $U \subset X$ mit $x \in U$ eine *offene Umgebung* von x.

Die offenen Mengen eines topologischen Raumes bilden also ein Mengensystem, in dem endliche Durchschnitte und beliebige Vereinigungen möglich sind.

Definition A.2 Es sei $(X, \mathcal{U}(X))$ ein topologischer Raum. Eine Teilmenge $A \subset X$ heißt *abgeschlossen,* wenn ihr Komplement $X \setminus A$ offen ist.

Durch Übergang zu Komplementen entsteht aus Def. A.1 ein Mengensystem, in dem beliebige Durchschnitte und endliche Vereinigungen möglich sind.

---

[1] Normalerweise wird diese Familie mit $\mathcal{O}(X)$ statt mit $\mathcal{U}(X)$ bezeichnet, aber da wir den Buchstaben $\mathcal{O}$ im Haupttext für die Strukturgarbe des Spektrums eines Ringes, welches selbst auch ein topologischer Raum ist, brauchen, wählen wir hier diese etwas unübliche Bezeichnung.

© Springer Fachmedien Wiesbaden GmbH, ein Teil von Springer Nature 2019
J. Jost, *Spektren, Garben, Schemata,* essentials,
https://doi.org/10.1007/978-3-658-28317-9

Lemma A.1 *Ein topologischer Raum besteht aus einer Menge X mit einer Familie*
$\mathcal{A}(X)$ *von abgeschlossen genannten Teilmengen, die den folgenden Bedingungen*
genügt:

(i) $X \in \mathcal{A}(X)$.

(ii) $\emptyset \in \mathcal{A}(X)$.

(iii) *Falls* $A, B \in \mathcal{A}(X)$, *so auch* $A \cup B \in \mathcal{A}(X)$.

(iv) *Für jede Familie* $(A_i)_{i \in I} \subset \mathcal{A}(X)$ *ist auch* $\bigcap_{i \in I} A_i \in \mathcal{A}(X)$.

$\square$

Es gibt zwei extreme triviale Beispiele von Topologien auf einer Menge X. Wir
könnten entweder – maximal – sämtliche Teilmengen von X oder – minimal – nur
X selbst und $\emptyset$ als offen deklarieren. Wichtiger und interessanter sind natürlich
Topologien, bei denen bestimmte Untermengen als offen oder abgeschlossen cha-
rakterisiert werden. So haben wir auf dem $\mathbb{R}^d$ die übliche Topologie, die wir der
Einfachheit halber als *euklidische Topologie* bezeichnen wollen. In dieser Topologie
ist $U \subset \mathbb{R}^d$ offen, wenn es zu jedem $x \in U$ ein $r > 0$ gibt, derart, dass

$$U(x, r) := \{ y \in \mathbb{R}^d : \| x - y \| < r \} \subset U. \tag{A.1}$$

Hier ist $\|.\|$ die euklidische Norm, und man drückt (A.1) auch dadurch aus, dass
U zu jedem Punkt auch eine offene Kugel um diesen Punkt enthalten muss. Die
Bedingungen für offene Mengen sind dann erfüllt, denn wenn beispielsweise $x \in$
$U \cap V$ und $U(x, r_U) \subset U, U(x, r_V) \subset V$, so ist $U(x, \min(r_U, r_V) \subset U \cap V$.
Und bei der Vereinigung von offenen Mengen können wir für ein $x \in U_i$ einfach
die in U_i enthaltene offene Kugel nehmen. Diese Topologie erfüllt eine wichtige
Eigenschaft:

Definition A.3 Ein topologischer Raum $(X, \mathcal{U}(X))$ heißt *Hausdorffraum*, falls es
für verschiedene Punkte $x_1 \neq x_2 \in X$ disjunkte offene Umgebungen U_1, U_2 gibt,
also $U_1 \cap U_2 = \emptyset$ mit $x_1 \in U_1, x_2 \in U_2$.

Allerdings erfüllt nicht jede Topologie die Hausdorffeigenschaft. Auf dem $\mathbb{R}^d$ können wir beispielsweise die kofinite Topologie betrachten, bei der die endlichen Teilmengen und $\mathbb{R}^d$ selbst die einzigen abgeschlossenen Mengen sind. Da beliebige
Durchschnitte und endliche Vereinigungen endlicher Mengen wieder endlich sind,
sind die Bedingungen aus Lemma A.1 erfüllt. Offen sind dann also die Komplemente endlicher Mengen, und da solche Mengen immer fast alle Elemente des $\mathbb{R}^d$

enthalten, kann ihr Durchschnitt niemals leer sind, und die Hausdorffeigenschaft gilt daher nicht.

Dies gilt auch für diejenige Topologie auf dem $\mathbb{R}^d$, bei der die abgeschlossenen Mengen die endlichen Vereinigungen von affin linearen Unterräumen sind. Vielleicht mag man diese Topologie koaffin nennen.

Definition A.4 Eine Teilmenge $K \subset X$ eines topologischen Raumes $(X, \mathcal{U}(X))$ heißt *kompakt*, wenn jede offene Überdeckung von K, also jede Familie $(U_i)_{i \in I} \subset \mathcal{U}(X)$ mit $K \subset \bigcup_{i \in I} U_i$, eine endliche Teilüberdeckung enthält, es also $i_1, \ldots, i_n \in I$, $n \in \mathbb{N}$, mit $K \subset U_{i_1} \cup \cdots \cup U_{i_n}$ gibt.

Bezüglich der euklidischen Topologie ist der $\mathbb{R}^d$ nicht kompakt. Beispielsweise können wir aus einer Überdeckung durch offene Kugeln vom Radius 1 keine endliche Teilüberdeckung auswählen. Wenn wir aber den $\mathbb{R}^d$ oder auch eine beliebige andere Menge X mit der kofiniten Topologie versehen, so wird dieser Raum kompakt. Es sei $X \subset \bigcup U_\lambda$ eine offene Überdeckung von X. Dann enthält das Komplement von U_1 höchstens endlich viele Punkte; diese seien $x_1, \ldots, x_k$. Zu jedem dieser x_j gibt es nun eine Menge U_{λ_j} der Überdeckung, die x_j enthält, denn wäre das nicht der Fall, so wäre auch X nicht überdeckt. Dann ist aber $U_1 \cup U_{\lambda_1} \cup \ldots U_{\lambda_k}$ eine endliche Überdeckung von X.

Definition A.5 Es seien $(X_1, \mathcal{U}(X_1))$ und $(X_2, \mathcal{U}(X_2))$ topologische Räume. Eine Abbildung $f : X_1 \to X_2$ heißt *stetig*, wenn für jedes $U \in \mathcal{U}(X_2)$ das Urbild $f^{-1}(U) \in \mathcal{U}(X_1)$ ist, das Urbild jeder offenen Menge in X_2 also offen in X_1 ist. Eine Bijektion $h : X_1 \to X_2$ zwischen topologischen Räumen, die in beiden Richtungen stetig ist, heißt *Homöomorphismus*. Wenn es einen solchen Homöomorphismus gibt, so schreiben wir

$$X_1 \cong X_2$$

und sagen, dass die beiden Räume zueinander *homöomorph* sind.

Für einen topologischen Raum $(X, \mathcal{U}(X))$ bezeichnen wir den Ring der stetigen Abbildungen $f : X \to \mathbb{R}$ (wobei $\mathbb{R}$ natürlich mit seiner euklidischen Topologie versehen ist) mit $C^0(X, \mathbb{R})$ oder auch einfach mit $C^0(X)$.

Was Sie aus diesem *essential* mitnehmen können

Es gibt Ringe von Zahlen und von Funktionen. Diese Ringe sind sogar kommutativ und besitzen eine 1. Die besten solchen Ringe sind die Körper, weil man in ihnen durch jedes Element (außer der 0) teilen kann. In den meisten Ringen geht das aber nicht. Und wenn ein Ring kein Körper ist, so besitzt er nichttriviale Ideale. Die elementaren Ideale sind die Primideale. Die Menge der Primideale eines Ringes R heißt das *Spektrum* von R, Spek R. Das Spektrum eines Ringes trägt eine natürliche Topologie. Spek R wird also ein topologischer Raum. Auf diesem topologischen Raum haben wir wiederum eine *Garbe* von Ringen, und diese Garbe erschließt die lokale Struktur des ursprünglichen Ringes R. So bedingen sich eine algebraische und eine topologische Struktur gleichzeitig. Dies ist im Begriff des *Schemas* enthalten.

So gelangen wir in der Geometrie von einer topologischen zu einer algebraischen Struktur, indem wir Ringe von Funktionen und die Primideale in diesen Funktionenringen betrachten. Und in der Arithmetik kommen wir von einer algebraischen zu einer topologischen Struktur. Wir können daher geometrische Fragen mit algebraischen Methoden und arithmetische Fragen mit topologischen Methoden behandeln.

© Springer Fachmedien Wiesbaden GmbH, ein Teil von Springer Nature 2019   35
J. Jost, *Spektren, Garben, Schemata,* essentials,
https://doi.org/10.1007/978-3-658-28317-9

Zur Geschichte und Literatur

Die algebraischen Grundlagen wurden von Emmy Noether und ihren Schülern gelegt. Der klassische Text ist [10]. Die Theorie der Schemata wurde von Alexander Grothendieck und seinen Mitarbeitern entwickelt, beginnend mit [2].

Das Material dieses Textes ist größtenteils aus [4] extrahiert und adaptiert. Dieser Text eignet sich daher in natürlicher Weise zur weiteren Lektüre. Für die algebraischen Strukturen stellt [5] eine nützliche Vorlektüre dar. Ausführlicher wird die Theorie der Schemata z.B. in [1, 3, 8, 9] behandelt. Diese Quellen habe ich auch an verschiedenen Stellen herangezogen.

Literatur

1. Eisenbud D, Harris J (2000) The geometry of schemes. Springer, New York
2. Grothendieck A (1960) Éléments de géométrie algébrique, I: Le langage des schémas. IHES Publ Math 4:1–228
3. Hartshorne R (1977) Algebraic geometry. Springer, New York
4. Jost J (2015) Mathematical concepts. Springer, Switzerland
5. Jost J (2019) Algebraische Strukturen. Springer Essentials, Wiesbaden
6. Jost J (2019) Kategorientheorie. Springer Essentials, Wiesbaden
7. Lang S (1988) Introduction to Arakelov theory. Springer, New York
8. Mumford D (1999) The red book of varieties and schemes, 2. Aufl. Springer LNM 1358, Berlin
9. Shafarevich IR (1994) Basic algebraic geometry, 2 Bde., 2. Aufl. Springer, Berlin
10. van der Waerden B (1950) Moderne Algebra, 3. Aufl. Springer, Berlin

© Springer Fachmedien Wiesbaden GmbH, ein Teil von Springer Nature 2019
J. Jost, *Spektren, Garben, Schemata,* essentials,
https://doi.org/10.1007/978-3-658-28317-9

Jürgen Jost

Mathematical
Concepts